BEI GRIN MACHT SICH IHR WISSEN BEZAHLT

- Wir veröffentlichen Ihre Hausarbeit, Bachelor- und Masterarbeit

- Ihr eigenes eBook und Buch - weltweit in allen wichtigen Shops

- Verdienen Sie an jedem Verkauf

Jetzt bei www.GRIN.com hochladen und kostenlos publizieren

Bibliografische Information der Deutschen Nationalbibliothek:

Die Deutsche Bibliothek verzeichnet diese Publikation in der Deutschen National-
bibliografie; detaillierte bibliografische Daten sind im Internet über http://dnb.d-
nb.de/ abrufbar.

Impressum:

Copyright © 2018 GRIN Verlag
Druck und Bindung: Books on Demand GmbH, Norderstedt Germany
ISBN: 9783668827776

Dieses Buch bei GRIN:

https://www.grin.com/document/438930

Victoria Mahnke

Nordeuropäische Regenmoore. Gefährdung und Schutz

Universität Osnabrück

Institut für Geographie

Wintersemester 2017/18

Mittelseminar: Ökosysteme Nordeuropas

Seminararbeit

Nordeuropäische Regenmoore

Abgabedatum: 28.02.2018

Inhaltsverzeichnis

Abbildungsverzeichnis

1 Einleitung

Nordeuropa ist besonders aufgrund seiner klimatischen Gegebenheiten reich an Mooren, wobei es neben Niedermooren wie Aapamooren auch viele Regenmoorgebiete beinhaltet. Diese gliedern sich in verschiedene Moortypen wie Kermi-, Palsa- oder Deckenmoore. Durch die intensive Nutzung durch den Menschen sind diese jedoch hochgradig gefährdet. Neben einer Vorstellung von Regenmooren wird in dieser Arbeit daher besonders auf die Gefährdung durch diese Nutzung und den nötigen Schutz eingegangen. Dazu wird zunächst das Regenmoor allgemein vorgestellt. Dabei werden Bedingungen, die zur Entstehung eines Regenmoores nötig sind, aufgezeigt sowie die Entstehung selbst erläutert. Außerdem werden der Aufbau und die Zusammensetzung beschrieben, woraufhin die Torfbildungsprozesse erklärt werden. An dieses Kapitel anschließend werden die Entstehung und Verbreitung von Regenmooren in Nordeuropa aufgezeigt und mit Kermimooren, Palsamooren und Deckenmooren drei Moortypen beschrieben. Darauf folgend werden die Nutzung und die Gefährdung von Mooren im Allgemeinen beschrieben sowie diesen der Schutz und die Renaturierung gegenübergestellt. Weiterhin werden im darauf folgenden Kapitel beispielhaft für Regenmoore Nordeuropas die Regenmoore Finnlands vorgestellt, wobei auf Bedingungen, Nutzung und Schutz eingegangen wird. Abschließend wird es ein Fazit geben.

2 Das Regenmoor

Ein wichtiges Merkmal, das Regenmoore von Niedermooren abgrenzt, ist die Herkunft des Wassers. Anders als Niedermoore sind Regenmoore nicht grundwasser- sondern regenwassergespeist.[1] Damit ein solches ombrotrophes Moor entstehen und fortbestehen kann, müssen jedoch einige Bedingungen erfüllt sein. So muss das Niederschlagsnetto groß genug sein, sodass das Moor unabhängig vom Bodenwasser wachsen kann. Des Weiteren darf in der Luft nur ein geringes Sättigungsdefizit herrschen und längere Austrocknungsperioden dürfen nicht auftreten.[2] In der Regel entstehen Regenmoore aus Verlandungsniedermooren. Das bedeutet, wenn ein See verlandet und sich mit Sedimenten füllt, kann ein Niedermoore entstehen. Je weiter dieses in die Höhe wächst, desto mehr wird es von Regen- statt von Grundwasser ge-

---

[1] Dierssen 1996, 329.
[2] Overbeck 1975, 163.

speist. Im Laufe der Zeit verliert sich diese Verbindung zum Grundwasser völlig und das Moorwachstum schlägt um in eine Regenmoorbildung.[3]

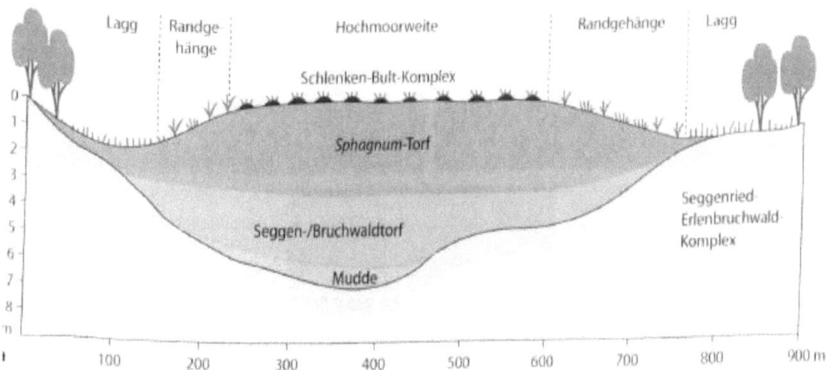

Abbildung 1: Querschnitt durch ein Hochmoor Nordwesteuropas (Quelle: Pfadenhauer und Klötzli, verändert und ergänzt, ursprünglich aus Succow und Jeschke 1986)

Auf die eben beschriebene Entstehung weisen Mudden hin, verschieden zusammengesetzte Unterwassersedimente, die sich am Grund des Regenmoores befinden und im Vergleich zu Niedermooren eine geringere Fläche einnehmen. Darüber befinden sich verschiedene Torfe, die jeweils nach dem Material benannt sind, aus dem sie entstanden sind.[4] Diese sind wenig zersetzt, sauer und nährstoffarm. Der idealtypische Aufbau eines Regenmoores ist im Gegensatz zum Niedermoor durch eine konvexe Aufwölbung gekennzeichnet. Den wieder sinkenden Abschnitt bildet das Randgehänge, den Überhang zur Umgebung des Moores das Lagg. Die Hochmoorweite, die aufgewölbte Fläche zwischen den Randgehängen, ist von Bulten und Schlenken, die durch ein ungleichmäßiges Wachstum der Torfmoose entstehen, durchzogen.[5]

Die aktuelle Vegetation eines Regenmoores ist stark vom Wasserhaushalt bzw. der Zusammensetzung des Wassers abhängig. Es herrschen niedrige Temperaturen, hohe Wasserstände und eine daraus resultierende schlechte Durchlüftung des Bodens. Zudem ist der pH-Wert niedrig und die Versorgung mit für Pflanzen wichtigen Nährstoffen wie Stickstoff, Phosphor oder Kalium mangelhaft. Für die Vegetation von Regenmooren kennzeichnend sind dabei Ombrotrophyten, die an das geringe Mineralstoffangebot bestens angepasst sind.[6] Moorpflanzen haben wegen des Sauerstoffdefizits durch geweitete Interzellularräume ein luftleitendes

---

[3] Dierssen 1996, 321; Pfadenhauer & Klötzli 2014, 445.
[4] Pfadenhauer & Klötzli 2014, 449.
[5] Pfadenhauer & Klötzli 2014, 445.
[6] Dierssen 1996, 320, 350.

Gewebe, das die ganze Pflanze durchzieht. Durch diese anatomische Eigenschaft ist es einigen Pflanzen möglich bis zu 1 m tief Wurzeln auszubilden. Als Beispiele können *Carex lassiocarpa* oder *Phragmites australis* genannt werden. Bäume oder Sträucher können dies aufgrund der Starrheit ihres Holzkörpers nur begrenzt nutzen. Vielmehr wurzeln sie in Oberflächennähe, um bei einem möglichen temporären Absinken sauerstoffreichere Regionen zu erreichen. Steigt jedoch die Torfbildungsrate und der Torf wächst schnell über die Basis des Stamms hinaus, stirbt die Pflanze ab. Stagniert die Torfbildung oder der Torf wächst nur sehr langsam, können Gehölze noch eine Weile überleben. Um im nährstoffarmen Moor überleben zu können, haben sich die verschiedenen Pflanzengattungen angepasst. So gibt es die Karnivoren (z. B. *Drosera, Utricularia*), Pflanzen, die mit Pilzen (Mykorrhiza) Symbiosen eingehen (z. B. *Andromeda, Vaccinium, Calluna, Chamaedaphne*), solche, die mit Bakterien (z. B. Actinomyceten) Symbiosen eingehen (z. B. *Alnus, Myrica*). Ein großer Teil der aufgenommenen Nährstoffe wird zudem, bevor im Herbst die Blätter der Pflanze absterben, bis zum Austreiben im Frühjahr in die Sprossachsen und Rhizome verlagert.[7] Typische Hochmoorpflanzen der Hochebene sind der vereinzelt und dabei kümmerlich auftretende *Pinus silvestris* oder die Zwergsträucher *Calluna vulgaris, Andromeda polifolia, Vaccinium uliginosum* und *Vaccinium oxicoccus*. Bei den Grasartigen außerdem *Eriophorum vaginatum, Scheuchzeria palustris, Carex limosa, Carex pauciflora, Rhynchospora alba* sowie *Drosera rotundifolia* bei den Krautigen. Dabei muss jedoch der Grundsatz „ohne *Sphagnum* kein Hochmoor!" (Overbeck 1975, 257) beachtet werden. Torfmoose gehören zu den *Sphagnidae*, einer Unterklasse zur Klasse der *Musci* (Laubmoose). Diese Unterklasse enthält lediglich die Familie der *Sphagnacae*, welche wiederum mit *Sphagnum* nur eine Gattung beinhaltet. Dabei ist zu berücksichtigen, dass nicht alle *Sphagnum*-Arten Hochmoorarten sind. Denen, die es sind, lassen sich bestimmte Eigenschaften zuordnen. So ist ihr Bedürfnis an Wasser hoch und ihr Vermögen Wasser zu speichern groß. Außerdem benötigen sie nur wenige Nährstoffe, kommen mit einem hohen Säuregehalt zurecht und verstärken diesen sogar noch, wodurch potentielle Konkurrenten keine Chance haben und die Sphagnen sich in hohem Maße ausbreiten können.[8] Die Hochmoorweite im Zentrum besiedeln dabei verschiedene Sphagnum-Arten, die sich in Torfmoose gliedern, die bevorzugt die Bulten besiedeln sowie Torfmoose, die bevorzugt in den Schlenken wachsen. Auf den Bulten wachsen hauptsächlich Sphagnen, die mit besonders wenigen Nährstoffen und gegebenenfalls Trockenheit zurechtkommen, diese sind rot (z. B. *Sphagnum magellanicum, Sphagnum capillifolium*) oder auch braun (z. B. *Sphagnum fuscum*). In den Schlenken, in denen ein wenig mehr Mineralstoffe enthalten sind, wachsen grü-

---

[7] Pfadenhauer & Klötzli 2014, 446.
[8] Overbeck 1997, 257 f.

ne Arten (z. B. *Sphagnum angustifolium*).[9] Das Torfmoos selbst besteht aus Stämmchen, an denen sich Äste bilden, die oben zunächst dicht aneinandergereiht wachsen und das Köpfchen am Gipfel des Sprosses bilden. Die rippenlosen und aus nur einer Zellschicht bestehenden Blätter beherbergen zwei Zelltypen. Einerseits lange chlorophyllhaltige und netzartig verschlungene Zellen, deren Aufgabe die Assimilation von Stoffen ist. Andererseits bereits abgestorbene Zellen, die als Wasserzellen bzw. Hyalinzellen durch Poren in ihren Membranen Wasser aufsaugen. Zusätzlich besitzen die meisten Arten Retortenzellen, die als Wassersauger fungieren, was Torfmoose zu einer Art Schwamm macht. Dadurch, dass das Moorwasser mit zunehmender Torfmoosdecke kapillar nach oben gesaugt wird, wölbt sich die Hochmoorweite immer mehr. Übersteigt das Moor jedoch ein gewisses Alter, wiegen Prozesse der Verdichtung und Zersetzung das Wachstum der Torfdecke auf. Die Stämmchen selbst wachsen nach oben hin immer weiter, während die unteren Teile der Stämmchen Schritt für Schritt absterben.[10]

Durch einen Ionenaustausch zwischen der Membran des Torfmooses mit dem umgebenden Medium gelingt es dem Torfmoos im mineralstoffarmen Hochmoorsubstrat zu überleben. Ein pektinartiges Polymer in der Zellwand bewirkt, dass die wenigen Kationen, die durch den Niederschlag dem Moor zugeführt werden, aufgenommen werden können. Im Gegensatz dazu werden Protonen wieder an die Umgebung abgegeben. Dies wiederum führt dazu, dass das Moorwasser eine Ansäuerung erfährt, was den Torfmoose „die unbedingte Herrschaft auf dem Hochmoor sichert" (Overbeck 1975, 269).[11]

Während in der euphotischen Schicht, den oberen 2-5 cm, die Produktionsprozesse der Torfmoose ablaufen und generell Pflanzen Photosynthese betreiben, befinden sich in den 10-50 cm darunter, der aphotischen Schicht, lediglich Wurzeln und totes Material, welches durch immer weiteres Wachstum der Pflanzen schlicht begraben wurde. Hier findet aerob durch Bakterien und Pilze ein Abbau der Phytomasse statt, wobei die Pflanzenreste in ihrer Struktur noch weitgehend erhalten bleiben. Darunter schließt sich die Verdichtungszone an, die ca. 2-15 cm dick ist und durch eine hohe Dichte durch die oberen Ablagerungsschichten gekennzeichnet ist. Durch immer weitere Zersetzung ist die eben erwähnte Struktur bereits stärker aufgelöst, wodurch das Material an Stabilität verliert.[12]

---

[9] Pfadenhauer & Klötzli 2014, 446, 448, 498.
[10] Dierssen 1996, 335; Overbeck 1975, 258-260.
[11] Overbeck 1975, 268 f.; Pfadenhauer & Klötzli 2014, 447.
[12] Dierssen 1996, 324.

Abgesehen von den eben erläuterten torfmorphologischen Grenzen lässt sich die Torfschicht funktional in zwei Horizonte gliedern. Im ca. 1 m dicken oberen Horizont, dem Akrotelm, findet die Torfbildung statt. Über lange Beobachtungsperioden ermittelte Tiefwasserstände grenzen diesen Horizont nach unten hin ab. Die Grenze verschiebt sich durch die Jahreszeiten bedingt.[13] Abgestorbene Reste von Torfmoosen lagern sich in der oberen Torfschicht ab, tote Phanerogamenreste dagegen werden in tieferen Schichten abgelagert. Dabei findet der Abbau des Materials in Bulten in den oberen 15cm statt, wobei er sich in den oberen 5cm langsamer als darunter vollzieht. In Schlenken dagegen findet die Materialzersetzung bereits unmittelbar an die photosynthetisch aktive Schicht anschließend statt.[14] Im darunter liegenden Horizont, dem Katotelm, wird der im Akrotelm entstandene Torf unter anoxischen Verhältnissen abgelagert. Abbauprozesse finden nur in sehr geringem Maße statt.[15]

3 Regenmoore in Nordeuropa

3.1 Entstehung und Verbreitung

Nordeuropa bietet u. A. mit seinem kühl-feuchten Klima mit Wasserüberschuss optimale Bedingungen für ein Moorwachstum.[16] Am Bsp. von Finnland, Schweden und Norwegen wird dies im Folgenden kurz aufgezeigt.

---

[13] Dierssen 1996, 323-325; Pfadenhauer & Klötzli 2014, 445.
[14] Dierssen 1996, 349.
[15] Dierssen 1996, 325, 349.
[16] Pfadenhauer & Klötzli 2014, 497.

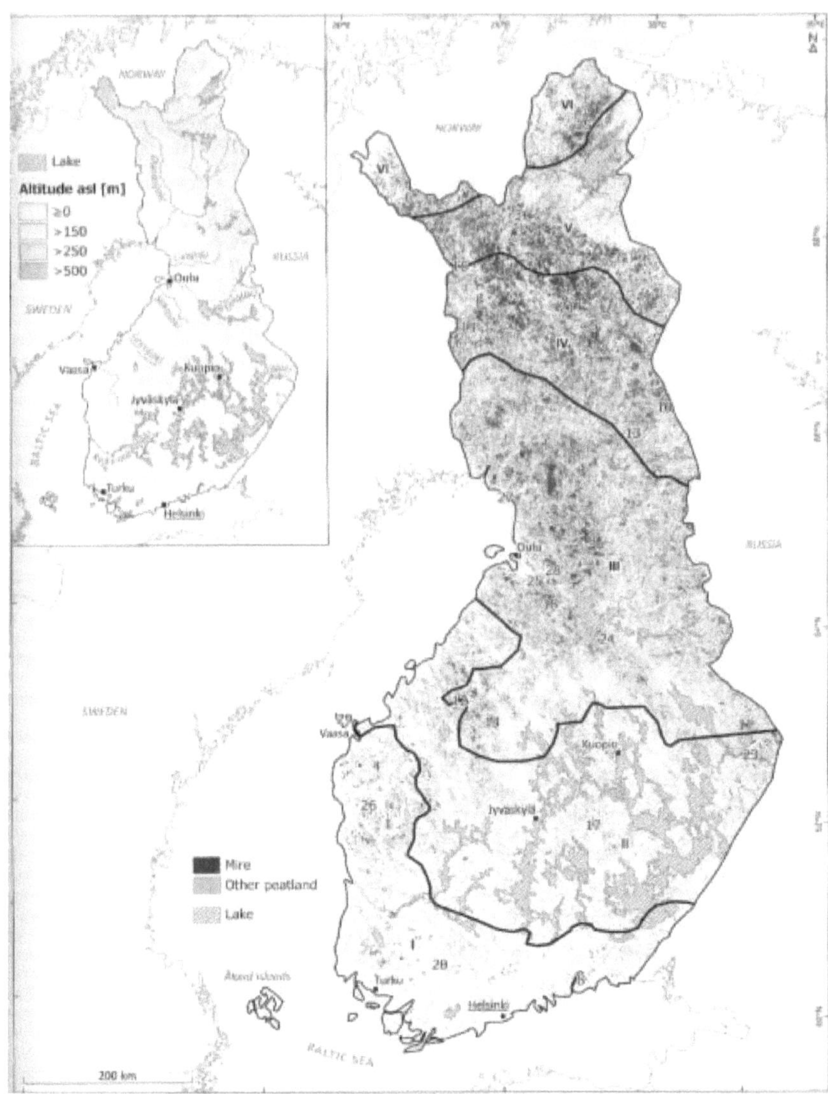

Abbildung 2: Moore in Finnland (Quelle: Lindholm & Heikkilä 2017, 385)

Die Moorfläche in Finnland umfasst ca. 3,5 Mio. ha. Diese erstreckt sich über das ganze Land hinweg und verdichtet sich im Norden (s. Abb. 2) Finnland ist relativ flach, die Höhendifferenz liegt hauptsächlich zwischen 5-50 m. Die Jahresdurchschnittstemperaturen betragen 5,5 °C im Südwesten und -2 °C im Nordwesten, die jährliche Niederschlagsmenge 450-500 mm an der Westküste und im Norden Lapplands und 750 mm an der Südküste und den Bergregionen im Osten Zentralfinnlands.[17] Im Südosten Finnlands, im Gebiet der Finnischen Seenplatte entwickelten sich so aus limnischen Sedimenten basenreiche Niedermoortorfe, die sich wiederum zu Aapamooren entwickelten. Im Subatlantikum, teilweise schon im Boreal, wurden aus diesen schließlich Regenmoore. In Nordkarelien entstanden die ersten Hochmoore am Ende des Atlantikums oder im Subboreal, während sie sich in Nordfinnland im Subboreal bildeten.[18]

---

[17] Lindholm & Heikkilä 2017, 376.
[18] Dierssen 1996, 331.

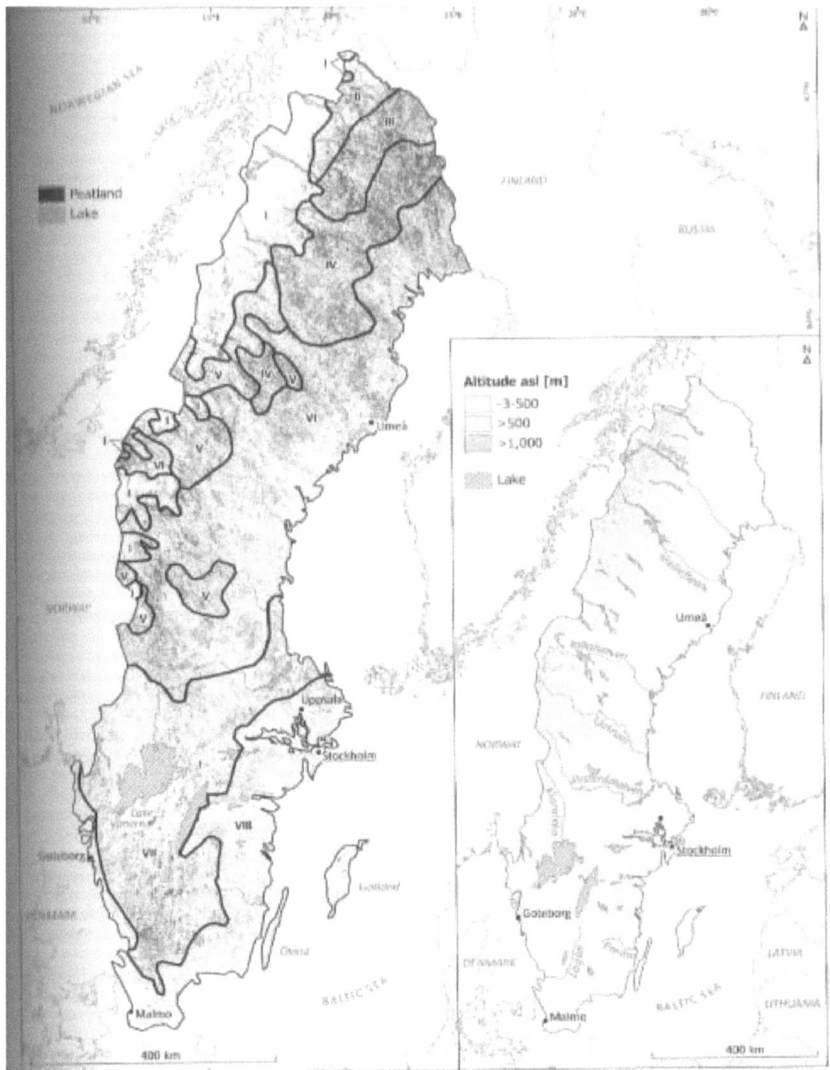

Abbildung 3: Moore in Schweden (Quelle: Löfroth 2017, 665)

In Schweden bedeckt Moor 5,23 Mio. ha. Im Zentrum Regenmoore, im Norden treten Palsa-moore in Erscheinung (s. Abb. 2). Das vom Golfstrom und Südwestwinden beeinflusste Klima zeichnet sich durch eine Jahresdurchschnittstemperatur aus, die im Januar im Süden -1 °C und im Norden -16 °C und im Juli im Süden und Südosten 18 °C und im Norden 10 °C beträgt. Während der größte Teil Schwedens eine jährliche Niederschlagsmenge von 600-800 mm aufweist, beträgt diese im Westen 800-1.000 mm.[19]

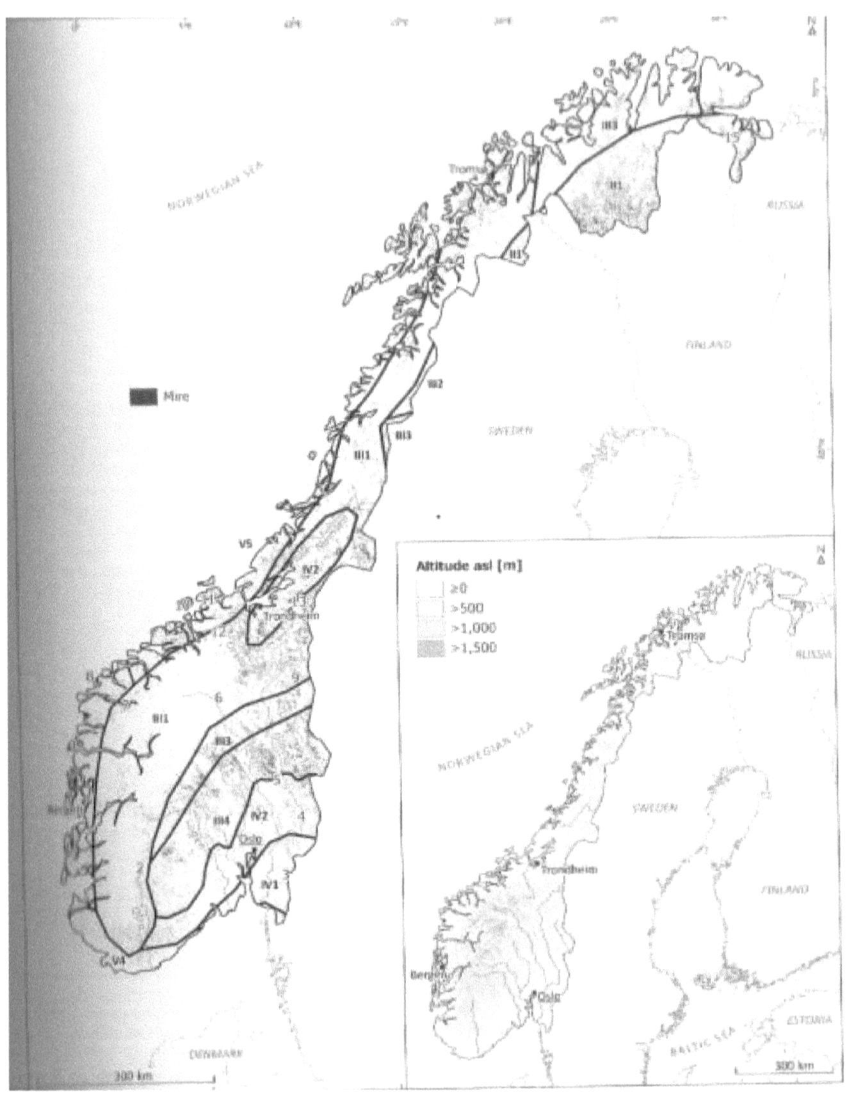

Abbildung 4: Moore in Norwegen (Quelle: Moen et al. 2017, 537.)

---

[19] Löfroth 2017, 664 f.

In Norwegen, wo die Moorfläche 3,77 Mio. ha umfasst und sich hauptsächlich im flacheren Osten befindet (s. Abb. 4) variieren die Jahresdurchschnittstemperaturen örtlich stark. Grund dafür sind die enorme Größe des Landes, durch den Golfstrom warme Westwinde sowie das Relief. Die Südküste ist dabei mit einer Jahresdurchschnittstemperatur von 7-8 °C die wärmste Region, in den Bergen sowie im Norden dagegen beträgt sie -4 °C. Die Temperatur im Inland ist von kontinentalen Luftmassen beeinflusst, sodass sie im Januar auch unter -10 °C fallen kann. Die jährliche Niederschlagsmenge beträgt an der Westseite der Gebirge mehr 2.000 mm, was einige Orte hier zu den regenreichsten in ganz Europa macht. In Südostnorwegen dagegen fällt jährlich eine Niederschlagsmenge von unter 500 mm. Insgesamt lässt sich für Norwegen festhalten, dass die jährliche Niederschlagsmenge von Westen aus Richtung Osten und Norden größer wird.[20]

3.2 Kermimoore

Die großen und auf horizontaler Unterlage entstehenden Kermimoore haben eine schwach kuppelförmige Aufwölbung mit einem nur gering ausgeprägten Transgressionsrand. Oft fehlt das Randlagg, das Randgehänge ist oft nur schwach entwickelt bzw. weniger scharf zur Hochfläche abgegrenzt. Zudem ist oft eine Kolke vorhanden, selten dagegen Rüllen.[21]

Bulten (hummocks) und Schlenken (hollows) entstehen durch ein ungleichmäßiges Wachstum der Sphagnen und Phanaerogamen. Dadurch entsteht ein Mikrorelief von zunächst schwacher Ausprägung. Je weiter sich jedoch der Moorkörper aufwölbt und damit einhergehend im Akrotelm der laterale Wasserabfluss zunimmt, desto stärker wird diese Ausprägung. Zusätzlich verstärkt wird diese Ausprägung noch dadurch, dass sich das abfließende Wasser an den oberen Bulträndern staut, da der Torf in den Bulten durch seine größere Dichte eine geringere Wasserdurchlässigkeit aufweist als der Torf in den Schlenken. Die Schlenkenbildung wird somit verstärkt. Auch finden am unteren Rand der Bulten Erosionsprozesse statt. Wird durch die kuppelförmige Aufwölbung ein bestimmtes Gefälle erreicht, schließen sich die Bulten durch die zentrifugal nach allen Seiten hin ausgerichtete Wasserbewegung zusammen und werden so zu Strängen. Gleiches geschieht mit den Schlenken, die zu Rinnen werden. Insgesamt entsteht so ein streifenförmiges Muster in symmetrischer Anordnung rings um den höchsten Punkt des Moores. Durch weitere Torferosion können in den Schlenken bzw. Rinnen Wasserlöcher, sogenannte pools oder Mooraugen, entstehen.[22]

---

[20] Moen et al. 2017, 536.
[21] Dierssen 1996, 332; Overbeck 1975, Tabelle 168 f., 176.
[22] Dierssen 1996, 332; Overbeck 1975, 176; Pfadenhauer & Klötzli 2014, 498.

3.3 Palsamoore

Palsamoore findet man im Übergangsbereich von nordborealen zu subarktischen Gebieten. In der nördlichen Taiga treten sie in der hemiarktischen Zone Skandinaviens und Kanadas und im nördlichen Sibirien auf. In Nordeuropa reichen sie vom äußersten Norden des europäischen Kontinents (Lappland, die Halbinsel Kola) über die Samojedentundra bis zum polaren Ural. Südwärts dringen sie vereinzelt bis in die montane und subalpine Stufe vor.[23]

Klimatische Bedingungen (Kälte, dadurch geringerer Niederschlag) bedingen lokale Dauerfrostböden. Besonders charakteristisch sind die durch diese Verhältnisse begünstigten sogenannten ‚Palsen‘. Dies sind gehobene Torfhügel mit einem Eiskern im Innern. Sie können mehrere Meter hoch werden und entstehen durch eine unterschiedliche Schneebedeckung, die den Frost an dünnen Stellen tiefer in den Boden eindringen lässt. Es kommt zur Bildung von Eislinsen. Diese Eislinsen vergrößern sich schnell zu einem Eiskern, der durch das Anschmelzen von Wasser aus dem Umland in seiner Größe zunimmt. Dieser Selbstverstärkungsmechanismus entsteht durch Druck (Volumenvergrößerung von Wasser im gefrorenen Zustand) auf die umliegenden Erdbereiche, in denen Torfmoose mit ungeheurer Wasserspeicherkraft liegen (Abb. 5). Dieser Eiskern wird im Sommer durch eine etwa 50 cm mächtige Torfschicht vor dem Abschmelzen bewahrt. Schmilzt er aufgrund einer zu dünnen Torfschicht doch, geschieht dies meist im Spätsommer, wenn der gefrorene Boden beginnt zu tauen, bevor er abermals wieder gefriert. Dieser Jahreszeitenwechsel bedingt eine Vergrößerung und Verkleinerung der Torfhügel. Wird der Eiskern zu hoch, kann er zerfallen und es bildet sich unter Umständen an anderer Stelle erneut ein Palsen.[24]

Die Vegetation der Palsamoore gestaltet sich wie folgt: Auf den Palsas sind zumeist Flechten, weniger aber Torfmoose, saure Riedgradgewächse (*Eriophorum, Carex*) und vor allem niedrige Holzgewächse (*Betula, Ledum, Empetrum, Rubus chamaemorus*) zu finden. In den Senken befinden sich schmalblättrige Wollgräser (*Eriophorum angustifolium*). Oftmals werden die Palsen durch die exponierte Lage erodiert. In der Regel kommt es zu keinem aktiven Torfwachstum.[25]

---

[23] Succow/Joosten 2001, 259; Pfadenhauer/Klötzli 2014, 498f.; Gläßer 2003, 78.
[24] Succow/Joosten 2001, 259; Pfadenhauer/Klötzli 2014, 498f.
[25] Succow/Joosten 2001, 259; Pfadenhauer/Klötzli 2014, 498f.

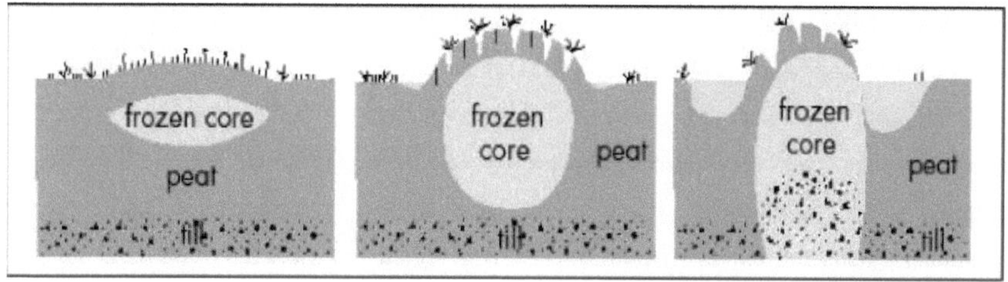

Abbildung 5: Enstehung und Entwicklung von Palsas, Quelle: Vasander 1996, 33.

Palsamoore gehören nicht nur den Eismooren an, sondern auch den Mischmooren: Die gehobenen Palsas sind von der Grundwasserzufuhr abgeschnitten und werden von Regenwasser gespeist. Man kann somit von einem Mischmoor zwischen Nieder- und Hochmoor sprechen. Die großflächigen Moore, die die Palsen umgebenden Niedermoore, gehören zu dem Raum mit der anteilig größten Moorfläche (> 50 %). Die sogenannten Aapamoore findet man in der mittleren und nördlichen borealen Nadelwaldzone des subozeanischen Nordeuropas. Sie sollen in dieser Arbeit aufgrund ihrer engen Verbundenheit mit Kermi- und Palsamooren kurzen Einzug finden.[26]

Aapamoore sind nicht nur räumlich (durch einzelne Hochmoorbereiche), sondern auch zeitlich als Mischmoore zu bezeichnen, da sich Hochmoore oftmals über ehemalige Aapamoore entwickeln können. Dieser Prozess ist als langsam und in allen Übergangsstufen vorzufindend anzusehen. Das ombro-soligene Moor beinhaltet charakteristische Bulten und Stränge, die überwiegend regenwasserversorgt sind und nasse grundwassergespeiste Moorpartien (Schlenken, oder ‚rimpis‘). Die Gefäßpflanzen auf den Bulten haben oft mit ihren Wurzeln ebenfalls Zugang zu Mineralbodenwasser.[27]

Die Vegetation der höheren, trockenen Torfsträngen und Bulten übernehmen Torfmoose (*Sphagnum fuscum, Sph. magellanicum*), Sumpfhorst (*Ledum palustre*), Torfgränke (*Chamaedaphne calyculata*), die für Marmeladen gern genutzte Moltebeere (*Rubus chamaemorus*) und stellenweise die Zwergbirke (*Betula nana*). In den nassen ‚Rimpis‘ bzw. Flarken finden sich Torfmoose (*Sph. annulatum, Sph. cuspidatum*), die Schnabbelsegge (*Carex rostrata*) und das schmalblättrige Wollgras (*Eriophorum angustifolium*).[28]

Die Entstehung dieses Reliefwechsels, welches aus der Vogelperspektive auffallend markante, reisfeldartige Mosaikstrukturen zeigt, ist wahrscheinlich durch die Frosteinwirkung im

---

[26] Succow/Joosten 2001, 259.
[27] Dierßen/Dierßen 2001, 37.
[28] Gläßer 2003, 78; Pfadenhauer/Klötzli 2014, 497f.

Periglazial bedingt. Dabei wanderten Torfschollen über gefrorenem Boden hangabwärts und wurden ziegelartig übereinander geschoben. Bei leichtem Hang alternieren Stränge und Rimpis gleichförmig, während sie bei stärkerem Hang zusätzlich durch rheogene Wasserzüge gegliedert werden. Unter trockeneren Bedingungen überwiegt das Bultniveau und wird durch einzelne „Niedermoorfenster"[29] unterbrochen. Diese Hochmoore im Innern beinhalten kaum noch Schlenkenzüge.[30] Die asymmetrischen Stränge können in nördlichen Lagen auch durch Eiskerne stabilisiert werden. Forscher ziehen jedoch auch Prozesse in Betracht, die das Bult-Schlenken-System von Hochmoore hervorbringen.[31]

Aapamoore mit ihrer konkaven Oberfläche sind in Ebenen und Senken anzutreffen, schon bei geringem Gefälle. Sie sind zumeist baumfreie, offene Flächen. Diese findet man in Südnorwegen bis Mittelschweden, in Finnland und Karelien bis Lappland, auf der Kola-Halbinsel, im Gebiet um das Weiße Meer und vereinzelt bis ans nördliche Uralgebirge.[32]

3.4 Deckenmoore

Echte Regenwassermoore entwickeln sich gerne aus limnischen Sedimenten (besonders bei der Seenplatte Finnlands) über basenreichen Niedermoortorfen zu Aapamooren, die sich im Subatlantikum zu Hochmooren entwickelt haben. Sie treten vor allem im Süden Skandinaviens auf in kühl-humiden Gebieten der nördlichen temperaten Zone und südlichen und mittleren borealen Zone, aber auch in Irland bis zum Uralgebirge. Nach den Aapamoorgebieten ist dies als das Gebiet der stärksten Torfbildung mit Vermoorungen von mehr als 10 % der Fläche anzusehen. Die Gliederung kann hier vor allem durch das Ozeanitätsgefälle von atlantisch (Nordwesteuropa) zu kontinental (Nordosteuropa) geschehen. Im Allgemeinen findet man hier ein wenig ausgeprägtes Relief vor mit einem deutlichen Niederschlagsüberschuss, was die ombrotrophen Moore zur Folge hat. Im atlantisch geprägten Gebiet vegetieren vor allem Heidekräuter (*Erica*) und Moorlilien (*Narthecium*), im kontinentalen Klima Sumpfporst (*Ledum*) und Torfgränke (*Chamaedaphne*).[33]

---

[29] Dierßen 1996, 330.
[30] Ruuhijärvi 1963.
[31] Pfadenhauer 2014, 497f.; Dierßen 1996, 330; Succow/Joosten 2001, 259.
[32] Pfadenhauer 2014, 497; Succow/Joosten 2001, 259.
[33] Dierßen 1996, 331; Succow/Joosten 2001, 259f.

Abbildung 6: Deckenmoor, Quelle: Dierßen/Dierßen 2001, 46.

Während in Südschweden die klassische Form, die Plateau-Hochmoore, zu finden sind, die eine weitgehend ebene, strukturierte Hochfläche und ein deutlicher ausgeprägtes nasses, minerotrophes Lagg aufweisen, bezeichnet man die Moore an hyperozeanischen Standorten, also in Südwestnorwegen, Irland, Wales und Schottland, als Deckenmoore. Die ombrotrophen Deckenmoore sind von extrem niederschlagsreichem Klima bedingt und entstehen meist bei stärker ausgeprägtem Relief. Dieses überzieht ein Torfkörper gleichmäßig. Vor allem im Bergland in Norwegen sind Deckenmoore beheimatet. An Küstengebieten liegt die Jahresdurchschnittstemperatur bei mehr als 5°C. Durch die Hanglage sind sie den Hangmooren ähnlich und werden bei noch humideren Klimabedingungen zu den ombrogenen Durchströmungsmooren gezählt. Ihre Entwicklung geschieht oftmals über saure Verlandungs- und Versumpfungsmooren in Geländemulden. Folgen der starken Wasserstandsschwankungen und -erosionen sind stark zersetzte Torfe und herausmodellierte Erosionskomplexe mit Torfschlammsenken und trockeneren Bulten (Abb. 6). Es fehlen oftmals wachsende Rasen- oder Teppichhorizonte. Torfbildner sind Gräser, Zwergsträucher, Moose und Cyperaceae.[34]

Ist die Landschaft ebener und finden sich eher geringmächtige Torflager ohne Mineralboden-wasserzulauf (denn kein Wassereinzugsgebiet durch Geländesituation), dann nennt man diese Planhochmoore. Ihr Zentrum ist allenfalls schwach gewölbt, Randgehänge und Lagg wenig entwickelt. Besteht ein Wasserüberschuss, entwickeln sich oftmals Kolke (kleine Seen).[35]

4 Nutzung und Gefährdung

Die Nutzung von Mooren besteht hauptsächlich daraus, dass sie zu land- und forstwirtschaft-lichen Nutzflächen gemacht werden oder der enthaltene Torf als Heizmaterial genutzt oder im Erwerbsgartenbau verwendet wird. Die dazu nötige Entwässerung, Abtorfung und Auffors-tung stellen eine Gefahr für das Ökosystem Moor dar. Im Folgenden wird die Nutzung von Mooren von Finnland, Schweden und Norwegen aufgezeigt.

Die größten Nutzungszweige in Finnland sind die durch forst- und landwirtschaftliche Nut-zung, der Abbau des Torfes sowei die Nutzung als Wasserreservoir. Insgesamt wurden dabei 70 % der finnischen Moorflächen umgenutzt, wodurch das Ökosystem Moor mit seinen Le-benswelten hochgradig gefährdet ist. Nachdem es im zweiten Weltkrieg einen Stillstand gab, wird die Forstwirtschaft seit Mitte des zwanzigsten Jahrhunderts in Finnland wieder betrie-ben. Dabei wurde sogar eine landesweite Kampagne gestartet, um die Wirtschaftlichkeit durch vermehrtes forstwirtschaftliches Wachstum zu erhöhen. In den 70ern wurden jährlich 300.000 ha Moorfläche entwässert, um sie forstwirtschaftlich nutzen zu können. Ca. 35.000 ha Moorfläche wurde zu forstwirtschaftlich genutzten Strassen.[36]

Die landwirtschaftliche Nutzung, die ihren Höhepunkt in den Fünfzigern und Sechzigern hat-te, wurde dagegen heute zurückgefahren. 85 % der landwirtschaftlichen Moorflächennutzung wurden stillgelegt und es wird nach neuen Flächen gesucht. Eine weitere Nutzung ist die des Torfes, die im Gegensatz zur landwirtschaftlichen Nutzung in heutiger Zeit sogar einen Auf-schwung erfährt. In Finnland werden Moore außerdem noch als Wasserreservoir genutzt.[37]

---

[34] Dierßen 1996, 332f.; Succow/Joosten 2001, 237, 260; Dierßen/Dierßen 2001, 56.
[35] Dierßen 1996, 332; Succow/Joosten 2001, 260.
[36] Lindholm & Heikkilä 2017, 388 f.
[37] Lindholm & Heikkilä 2017, 389.

Bis die Entwässerung in den neunzigern eingestellt wurde, wurden 1,2 Mio. ha organischer Boden in Schweden der forstwirtschaftlichen Nutzung überführt. 300.000 ha wurden für die landwirtschaftliche Nutzung entwässert. Zudem wurden 7.000-8.000 ha Torf für die Nutzung als Heizmaterial oder für den Gartenbau abgebaut. Eine weitere Nutzung ist die für Rentierherden. Dabei dienen Moorflächen als Weide, Sammelplatz oder Wege durch Wälder. [38]

In Norwegen wurden ebenfalls viele Moorflächen für eine land- oder forstwirtschaftliche Nutzung entwässert. Zumindest die Entwässerung zur forstwirtschaftlichen Nutzung wurde jedoch im Jahr 2009 verboten. Insgesamt wurden bis zum Jahr 1992 200.000 ha Moor für die landwirtschaftliche Nutzung sowie 400.000 ha bis zum Jahr 1995 für die forstwirtschaftliche Nutzung entwässert. Außerdem wurde Torf für die Nutzung als Heizmaterial abgebaut. Höhepunkte erfuhr die Nutzung hierfür im zweiten Weltkrieg und eine Zeit lang danach. Auch die Nutzung von Torf im Gartenbau wurde vor allem in den Neunzigern stark betrieben. Insgesamt wurden 17 % der ursprünglichen Moorflächen in Norwegen bereits entwässert, eine sehr viel höhere Zahl ist zusätzlich durch die Gräben beeinflusst. Auch für die Nutzung als Wasserreservoir für die Energiegewinnung werden große Moorflächen genutzt.[39]

5 Schutz und Renaturierung

Möchte man ein Moor als Lebensraum für Pflanzen und Tiere erhalten, aber auch als wichtigen Retentionsstandort für Kohlenstoff und Nährstoffe ausnutzen, gibt es verschiedene Möglichkeiten, dieses zu schützen. Ist ein Moor nicht oder kaum beeinträchtigt und nahezu naturnah, reicht ein eingriffsfreies Bewahren des aktuellen Zustandes. Nationale Moorschutzprogramme in Skandinavien versuchen seit einiger Zeit immer mehr Moore als Reservate zu sichern. Vor allem naturräumlich repräsentative, unzerstörte Moore mit ausreichender Größe haben eine Chance darauf, als Naturschutzgebiete geschützt zu werden. Das gilt besonders für abgeschieden liegende Moore im Bergland (z.B. in Norwegen), die ohnehin nicht bewirtschaftet werden.[40]

Wurde ein Moor, wie es bei den meisten der Fall ist, entwässert und abgetorft, müssen andere Strategien herangezogen werden. Die angestrebten Entwicklungsziele dürfen sich dabei jedoch weder auf den Arten- und Lebensgemeinschaftsschutz, noch auf den schlichten Einstau

---

[38] Löfroth 2017, 672.
[39] Moen et al. 2017, 542 f.
[40] Dierßen/Dierßen 2001, 174ff.; Dierßen 1996, 405.

von Wasser beliebiger Qualität konzentrieren. Stattdessen müssen vor allem ungewollte Stoffausträge aus derzeit nicht benutzten Moorflächen unterbunden werden und Nutzungsformen für bewirtschaftete Flächen entwickelt werden, die einer umweltverträglichen Nutzung näher kommen als die jetzige des Moores. Diese Maßnahmen sind oftmals (besonders bei Hochmooren) schwierig anzupassen, kostspielig und bedürfen einer jahrelangen Pflege. Eine vollständige Regeneration ist in einem bestimmten Zeitraum als unrealistisch anzusehen, sie dauert Jahrhunderte. Als ein Indikator für eine erfolgreiche Regeneration eines selbstregulierenden Hochmoores wird die permanente und flächenhafte Ansiedlung der typischen Hochmoor-Schlüsselarten (Sphagnum-Arten) angesehen.[41]

Im Süden Skandinaviens sind vor allem Niedermoore aufgrund der Kulturlandschaft gefährdet, sie sind in ihrer Qualität beeinträchtigt und weisen einen Rückgang hinsichtlich ihrer Flächengröße auf. Hier ist es sinnvoll, teilentwässerte Flächen zu stabilisieren, sodass oligotraphente Lebensgemeinschaften erhalten bzw. sich wieder etablieren können. Der richtige Wasser- und Nährstoffhaushalt ist hier von Bedeutung, wie auch eine Unterbindung der Torfzehrung und die Initiierung neuer Torfbildung. Hochmoore sind eher wenig attraktiv für die Landwirtschaft, da ihr Boden extrem sauer und nährstoffarm ist. Aschearmer Torf eignet sich hingehen gut als Brennstoff, weshalb im 19. Jahrhundert viele Hochmoore der Brenntorfgewinnung zum Opfer gefallen sind.[42]

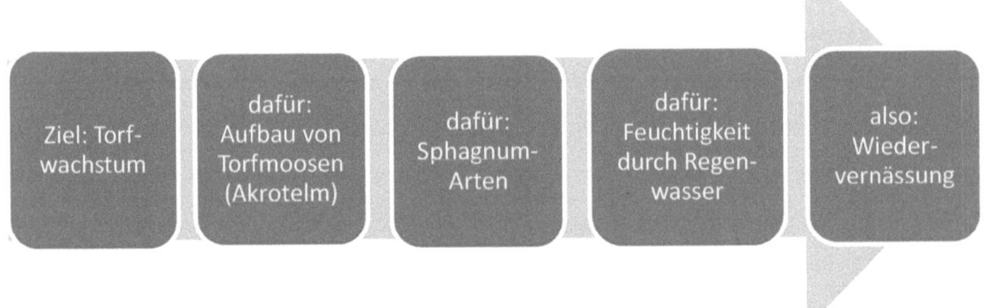

Abbildung 7: Regeneration von Hochmooren, eigene Darstellung.

Die Sphagnum-Arten zur Revitalisierung eines Hochmoores benötigen Feuchtigkeit. Sie ertragen jedoch nicht nur keine Austrocknung, sondern auch keinen Wasserüberstau. Diese Bedingungen werden normalerweise von einem Akrotelm gewährleistet. Die Akrotelmbedingungen müssen somit durch Abdämmung, Überstau und Abflussvorrichtungen nachgeahmt

---

[41] Dierßen 1996, 405; Dierßen/Dierßen 2001, 174ff.; Timmermann/Joosten/Succow 2009, 78.
[42] Dierßen 1996, 405; Timmermann/Joosten/Succow 2009, 78.

werden. Dies gestaltet sich recht einfach bei erst seit kurzer Zeit entwässerten Mooren, bei denen die Gräben abgedämmt oder verfüllt werden können. Bei ungenügender Speicherkapazität der obersten Torfschichten ist jedoch ein Geländeüberstau notwendig. Damit es nicht zu einem langfristigen Überstau kommt, werden Schwingrasen oder Ammenpflanzen angesiedelt. Oftmals kommt es jedoch zu vielen weiteren Problemen. In der Vergangenheit wurden Moore teilweise mit nährstoffreichem Oberflächenwasser wiedervernässt, was zu einer Eutrophierung führte. Es entwickelten sich eu- bis hypertrophe Röhrichte, weshalb man mooreigenes oder aufströmendes Grundwasser verwenden muss. Dies ist vor allem bei Hochmooren zu beachten, die durch das Regenwasser extrem nährstoffarm sind. Verwendet man Regenwasser zur Wiedervernässung von Nieder- oder Mischmoorstandorten kommt es zu einer Änderung im Artengefüge. Restitutionsversuche müssen somit immer ganz genau auf die Eigenschaften des betreffenden Moores individuell zugeschnitten werden, was einer langen und genauen Untersuchung des Moores bedarf. Besonders schwierig ist es, einmal eutrophierte Standorte in nährstoffarme zurückzuverwandeln (Oligotrophisierung). Dazu müsste die primär wachstumsbegrenzende Ressource (meist Phosphor, Kalium oder Stickstoff) begrenzt werden.[43]

Zur Durchführung einer Wiedervernässung müssen nicht nur die durch Torfstiche entstandenen Entwässerungsgräben abgedämmt werden, sondern auch jegliche Stellen, an denen das Hochmoor mit dem Grundwasser in Verbindung kommt geschlossen werden. Nach der Bewässerung sind Randzonen zu verbessern, Torfstichkanten abzuschrägen und Moorpflanzen einzubringen. Auch Schatten durch höhere Pflanzen ist für die Entwicklung des Moores zum Nachteil. Dabei haben sich passive Maßnahmen (Dammkonstruktionen ohne Pumpen) als positiv erwiesen.[44]

Früher genutzte Wässerwiesen, denen eine Verbuschung geschehen ist, müssen nachhaltig extensiv genutzt werden. „Die Erhaltung und Wiedereinrichtung solcher Wässerwiesen zur Heubergung wird als Pflegemaßnahme für Feuchtlebensräume unter anderem in N-Schweden diskutiert."[45] Bei allen Mooren, bei denen die Entwässerung für die Nutzung betrieben wird, ist eine moorschonende Flächennutzung sinnvoll, z.B. eine Grünlandextensivierung mit Grundwasseranhebung. Es gilt alternative Nutzungsformen mit Erhalt der Torfspeicherung, also ohne Entwässerung, zu entwickeln oder die Entwicklung zu einem anderen Feuchtgebiet

---

[43] Timmermann/Joosten/Succow 2009, 79f.; Dierßen 1996, 406.
[44] Eigner/Schmatzler 1980, 49f.
[45] Dierßen 1996, 406.

zu unterstützen, falls ein Artenschutz bzw. eine Hochmoorrevitalisierung nicht mehr möglich ist.[46]

6 Regenmoore in Finnland

Finnland zählt als moorreichstes Land der Welt. Etliche Quadratkilometer nehmen baumlose Moorflächen ein. Da diese Moore eingebettet sind in die boreale Waldlandschaft, bestehen viele Übergänge nicht nur zwischen Hochmoor- und Niedermoortypen, sondern auch zwischen Mooren und nassen, oligotrophen Kiefern-Moorwäldern oder zu Fichten-Moorwäldern.[47]

Die allgemeine ‚peatland area‘[48] beträgt 9.000.000 ha in Finnland, davon sind 3.500.000 tatsächliche Moorflächen (mire area). Ersteres macht etwa ein Drittel der Landesfläche aus. Finnlands Landschaft ist geprägt von großen Seenflächen (ca. 10 % der Landesfläche; 188.000 Seen insgesamt) und von ausgedehnten Wäldern (60 % der Landesfläche). Nur 10 % nehmen kultivierte Zonen und Besiedlungen ein. Das Land ist relativ eben, teilweise bestehen Unebenheiten, typischerweise variierend von 5 bis 50 m, der höchste Berg liegt bei einer Höhe von 1.328 m im Nordwesten. Bemerkenswert ist ebenfalls die kontinuierliche Landhebung von bis zu 8 mm jährlich an der Westküste. Die Erdkruste besteht vornehmlich aus präkambrischen Graniten und metamorphem Gestein mit einem Alter von 1,8 Billionen Jahren. Im Nordosten Finnlands findet sich im Gegensatz zu Südwesten älteres Gestein. Von Sandstein ist nur eine kleine Fläche im Westen bedeckt. Das Ausgangsgestein ist bedeckt mit Mineralböden von 3-4 m Dicke und hat seinen Ursprung in der letzten Eiszeit und dem Holozän. Oft sind quartäre Ablagerungen in Form von glazialen Moränen zu finden.[49]

Das Klima wird durch den Golfstrom beeinflusst. Die Jahresdurchschnittstemperatur beträgt 5,5°C im Südwesten und -2°C im Nordwesten. Im wärmsten Monat Juli liegen die Temperaturen bei 14-18°C, im kältesten (Januar-Februar) bei -4 bis -15°C. Die Dauer der Vegetationsperiode[50] beträgt 180 Tage im Südwesten und 100 im Nordwesten, sodass sich ein Durchschnitt von 145 Tagen für das gesamte Land ergibt. Der Niederschlag beträgt im Jahr durchschnittlich 450-500 mm an der Westküste und in Nord-Lappland und 750 mm an der Südküs-

---

[46] Eigner/Schmatzler 1980, 49f.; Succow/Joosten 2001, 471.
[47] Vasander 1996; Gläßer 2003, 77f.
[48] Peatland ist ein allgemeinerer Begriff als mire, man versteht hierunter jegliche von Torf mit einer Mächtigkeit von mind. 30 cm dominierten Flächen.
[49] Lindholm/Heikkilä 2017, 376.
[50] D.h. die tägliche Durchschnittstemperatur darf nicht geringer als 5°C sein.

te und in den Bergregionen im östlichen Teil Zentralfinnlands. Durchschnittlich ist der Boden 110 Tage im Südwesten und 220 Tage in Lappland mit Schnee bedeckt. Bodenfrost im Winter geht im Westen bis zu einer Tiefe von 50 cm, und im Osten bis zu 20 cm. In Lappland kann der Boden bis zu einer Tiefe von 150 cm gefroren sein. Dieser friert im Oktober/November ein und taut zumeist im Mai/Juni wieder auf. Dennoch findet man ganz im Norden auch Permafrost. Nach Alalammi (1988) kann man Finnland in 10 Vegetationsgeographische Regionen einteilen: Fell Lapland, Forest Lapland, Northern Ostrobothnia, Kainuu region, Ostrobothnia, Southern Ostrobothnia, Lake district, Southwestern Finland, Oak Zone und Archipelago.[51]

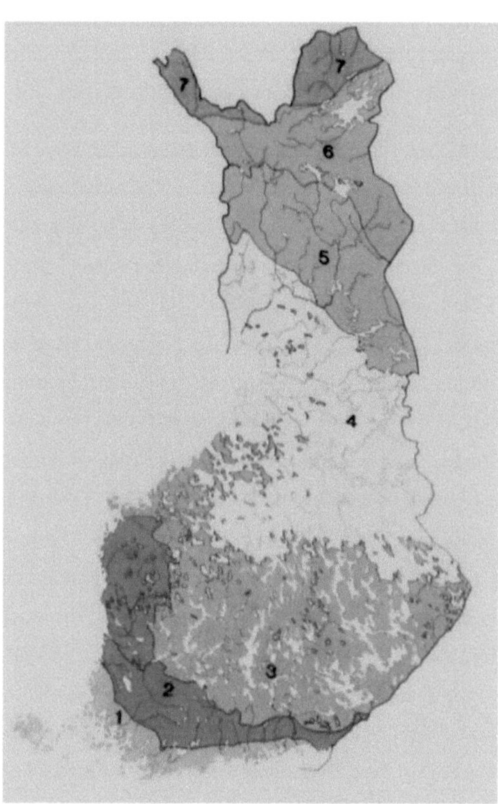

Abbildung 8: Moortypen in Finnland. Quelle: Vasander 1996, 6.

Der allgemeine finnische Begriff „suo" (Finnland in eigener Landessprache „Suomi") ist biologischen Ursprungs und schließt jegliche torfbildende Vegetation mit ein („includes all

---

[51] Lindholm/Heikkilä 2017, 376, 386.

places that have peat forming vegetation, without a minimum requirement for the thickness of the peat layer").[52] Bezüglich weiterer Unterteilungen von Mooren gibt es einige Begrifflichkeiten, zumeist wird sich an den englischen Begriffen „fen" für Niedermoor und „bog" für Regenmoor orientiert. Ökologisch sowie botanisch wurden allein in Finnland 80 verschiedene Moortypen in der Literatur beschrieben. Die gröbste Aufteilung des Landes (Abb. 8) gliedert sich in die Hochmoore im Süden Finnlands, die Aapamoore („aapasuo") im mittleren und nördlichen Teil des Landes und die Palsamoore („palsasuo") ganz im Norden des Landes. Hochmoore lassen sich wiederum in die Plateau-Hochmoore („laakiokeidassuo") ganz im Süden des Landes und in die Kermi-Hochmoore („Varsinaiset kilpikeidassuo") einteilen. Die Verbreitung der Moore in Finnland ist sowohl durch die abfallenden Temperaturen (Nord-Süd) bestimmt, als auch durch die Änderung eines relativ ozeanischen Klimas zu einem eher kontinentaleren hin (West-Ost). Letzteres wirkt sich vor allem im Süden des Landes aus.[53]

Während die ursprüngliche Moorfläche (Moore, Moorwälder und Kulturflächen auf Moorboden eingeschlossen) 10,4 Millionen Hektar betrug, was einen Drittel der Landesfläche ausmachte, ist diese Zahl bis heute (Stand 2017) auf 9 Millionen Hektar geschrumpft. Die größte Zahl der Moorflächen wurde für die Forstwirtschaft, die Landwirtschaft und für den Torfabbau entwässert und vernichtet. In Finnland geschah den Mooren im Gegensatz zu anderen nördlichen Ländern eine stärkere Nutzung: „The utilisation of mires has been much more intensive in Finland than in other northern regions of the world."[54] Dabei wurden nicht nur die Moorsysteme selbst, sondern auch deren Fauna und Flora stark beschädigt. Da die Forstwirtschaft in Finnland einen wichtigen Industriezweig einnimmt, wurden einige Gebiete für das Wachstum von Holz entwässert. Diese Nutzung kam zu ihrem Höhepunkt in den 1970er Jahren, als 300.000 Hektar Moorfläche jährlich entwässert wurden. Das Entwässerungsprogramm Finnlands fand auch Einzug in andere Länder der Welt. Heute wurde die Entwässerung von neuen Mooren beendet, nachdem viele Regenmoore verschwunden sind. Während die landwirtschaftliche Nutzung des Moorbodens sich in den 1950ern und 1960ern sehr intensiv gestaltete, gibt es heutzutage Versuche zum Etablieren von neuen Arealen für die landwirtschaftliche Nutzung. 85 % der landwirtschaftlichen Nutzung von Moorflächen wurden stillgelegt, viele umgewandelt zu Moorwäldern. Der Torfabbau nimmt jedoch im mittleren Teil Finnlands zu, 662.000 Hektar sind bereits für den zukünftigen Torfabbau reserviert. Momentan werden 120.000 Hektar genutzt. Nachdem bereits 60.000 ha zu Wasserreservoiren ver-

---

[52] Lindholm/Heikkilä 2017, 386.
[53] Ebenda 386f.
[54] Ebenda 389.

wässert wurden, gibt es aktuelle Pläne zu Reservoirbildung in Lappland, dessen Fläche jedoch im Natura 2000 Programm verankert ist. Auch andere Pläne begegnen einer harten Gegenwehr.[55]

„Nearly 70 % oft he Finnish mires have been used for forestry, agriculture, peat extraction and as water reservoirs."[56] Nicht nur Moortypen verschwanden über die Zeit, sondern auch Tiere, Pflanzen und Pilze bzw. sie sind vom Aussterben bedroht, vor allem gilt dies für Regenmoore. Die ersten Pläne zum Moorschutz wurden in den 1960ern entwickelt, als die Entwässerung für die Forstwirtschaft extrem zunahm. Diese Pläne bestanden zunächst nur für Moore in Staatseigentum im Norden, später aber wurde klar, dass vor allem die Hochmoore auf privatem Land im Süden geschützt werden müssen. Das nationale Moorschutzprogramm (National Mire Conservation Programme) entstand in den 1970ern mit dem Ziel des Schutzes der typischen und verbreiteten Moorkomplexen. Die Verfolgung des Ziels gestaltete sich jedoch aufgrund des Drucks von der Torfindustrie, der Forstwirtschaft und der Landeigentümerunion als schwierig.[57]

Doch dank Natura 2000 und dem National Mire Protection Programme (NMPP) konnten über 500.000 ha Moor gerettet werden. Nationalparks und strikte Naturschutzprogramme arbeiten ebenfalls daraufhin, möglichst viel Moorfläche naturnah erhalten zu können. Somit beläuft sich die nationale geschützte Moorfläche auf 1,2 Millionen Hektar. Immer noch ein schwieriges Unterfangen ist die benötigte Zustimmung der Landbesitzer für eine Moorerhaltung. Das Budget der zur Verfügung stehenden Geldmittel ist schon innerhalb des Jahres 2016 um fast zwei Drittel geschrumpft, sodass die Landbesitzer kaum für die Erhaltung ihrer Landflächen als Moor entschädigt werden können. Anzumerken ist jedoch ein generelles Umdenken bezüglich der Wichtigkeit und des Erhalts von Mooren in Finnland innerhalb der letzten Jahre („in the last few years, there have been a great changing in the ideology of forestry towards more peatland conservation").[58]

7 Fazit

Regenmoore sind, wie ihr Name schon sagt, vom Regenwasser gespeist, womit sie sich von Niedermooren unterscheiden. Dies wirkt sich auf ihr Aussehen sowie auf ihre stoffliche Zu-

---

[55] Lindholm/Heikkilä 2017, 389.
[56] Ebenda.
[57] Ebenda S. 390.
[58] Lindholm/Heikkilä 2017, 390.

sammensetzung aus. In Nordeuropa mit seinem feucht kühlen Klima und zu einem großen Teil flachen Gelände finden sie die Bedingungen, die für ein Torfwachstum nötig sind, weshalb sie hier große Flächen einnehmen, wodurch Schweden und Finnland zu den moorreichsten Ländern der Erde gehören. Dabei treten sie verschiedenen Moortypen in Erscheinung, u. A. Kermi-, Palsa- oder Deckenmoor.

Naturnahe (Hoch-) Moore „erfüllen wesentliche ökologische Funktionen im Wasser- und Stoffhaushalt der Landschaft, als Habitate und bei der landschaftlichen Klimawirkung."[59] Während ihre Notwendigkeit erst in jüngerer Zeit erkannt wurde, ist Wissen über ihre Nutzungsmöglichkeiten schon sehr lange verbreitet: Moore wurden über viele Jahre hinweg vor allem entwässert, um sie land- oder forstwirtschaftlich nutzen zu können. Auch wurde Torf zur Gewinnung von Heizmaterial oder für den Gartenbau abgebaut. Dabei sind Moore nicht nur Kaltluftbildungsräume und besitzen einen Kühlungseffekt, sondern sie haben auch eine Filter- und Akkumulationsleistung im Zusammenhang mit der Torfbildung. Der Erhalt bzw. die Wiederherstellung dieser Funktion gehört zu den grundlegenden Naturschutzstrategien.[60]

Moore sind nicht nur vom Klimawandel bedroht, sondern fördern ihn auch. Moore speichern doppelt so viel Kohlenstoff wie alle Wälder auf der Erde. Bei der Entwässerung von Mooren kommt es zu einer Durchlüftung des Torfkörpers, wobei nicht nur Kohlenstoff in die Atmosphäre entweicht und als CO_2 klimaschädigend wirkt, sondern auch zur Entstehung von Distickstoffmonoxid. Hier wird der Treibhauseffekt verschärft. Änderungen im Klima, besonders trockene oder nasse Jahre und eine Verringerung des Niederschlags wirken sich wiederum direkt auf die Empfindlichkeit von Hochmooren aus. Somit ist es von großer Wichtigkeit, besonders in Nordeuropa mit den moorreichsten Ländern der Welt, Moore zumindest so zu stabilisieren, dass nichts in die Atmosphäre oder ins Grund- und Oberflächenwasser mit schädlichen Folgen austritt.[61] Succow und Joosten (2001, 472) fordern ein neues Verständnis im Umgang mit Mooren.

Leider steht diese Forderung in Konflikt zur landwirtschaftlichen Nutzung, besonders in Südskandinavien. Denn dort kann Fläche klimabedingt gut für eine agrarische Bewirtschaftung genutzt werden. Der Nutzen von Torf als Blumenerde oder zur Stromerzeugung ist immer noch hoch und wird mit zahlreichen Kraftwerken u.a. in Finnland genutzt.

---

[59] Succow/Joosten 2001, 471.
[60] Succow/Joosten 2001, 471f.
[61] NABU (2013).

8 Quellenverzeichnis

Alalammi, Pentti (Hg.) (1988): Suomen Kartasto 141-143. Elävä Iuonto, Iuonnonsuojelu. [Atlas of Finland, Biogeography, nature conservation] 32 S. Helsinki: National Board of Survey and Geographical Society in Finland.

Bonn, A.; Allott, T.; Joosten, H. et al. (2016): Peatland restauration and ecosystem services. Cambridge: Cambridge University Press.

Dierßen, Klaus (1996): Vegetation Nordeuropas, Stuttgart: Ulmer.

Dierßen, Klaus; Dierßen, Barbara (2001): Moore, 16 Tabellen. Stuttgart: Ulmer.

Eigner, Jürgen; Schmatzler, Eckhard (1980): Bedeutung, Schutz und Regeneration von Hochmooren. Greven: Kilda Verlag.

Eurola, Seppo (1962): Über die regionale Einteilung der südfinnischen Moore. In: Ann. Bot. Soc. 33:2, 1-243.

Gläßer, Ewald; Aring, Jürgen (2003): Nordeuropa : Geographie, Geschichte, Wirtschaft, Politik. Darmstadt: Wiss. Buchges.

Joosten, Hans; Tanneberger, Franziska; Moen, Asbjørn (Hrsg.) (2017): Mires and peatlands of Europe: status, distribution and conservation. Stuttgart: Schweizerbart Science Publishers.

Lindholm, Tapio; Heikkilä, Raimo (2017): Finland. In: Joosten, Hans; Tanneberger, Franziska; Moen, Asbjørn (Hrsg.) (2017): Mires and peatlands of Europe: status, distribution and conservation. Stuttgart: Schweizerbart Science Publishers, S. 376-394.

Löfroth, Michael (2017): Sveden, In: Joosten, Hans; Tanneberger, Franziska; Moen, Asbjørn (Hrsg.) (2017): Mires and peatlands of Europe: status, distribution and conservation. Stuttgart: Schweizerbart Science Publishers, S. 664-675.

Moen, Asbjørn; Lyngstad, Anders; Øien, Dag-Inge (2017): Norway, In: Joosten, Hans; Tanneberger, Franziska; Moen, Asbjørn (Hrsg.) (2017): Mires and peatlands of Europe: status, distribution and conservation. Stuttgart: Schweizerbart Science Publishers, S. 536-545.

NABU-Naturschutzbund Deutschland e.V. (2013) Berlin. https://www.nabu.de/natur-und-landschaft/moore/moore-und-klimawandel/index.html [letzter Aufruf 01.02.18].

Paasio, Ilmari (1933): Über die Vegetation der Hochmoore Finnlands. In: Acta Forestalia Fennia 39a, 1933, 1-210.

Pfadenhauer, Jörg; Klötzli, Frank (2014): Vegetation der Erde : Grundlagen, Ökologie, Verbreitung. Berlin: Springer Spektrum.

Ruuhijärvi, Rauno (1960): Über die regionale Einteilung der nordfinnischen Moore. In: Ann. Bot. Soc. 1960, 31 (1), 1-360.

Ruuhijärvi, Rauno (1963): Zur Entwicklungsgeschichte der nordfinnischen Hochmoore. In: Ann. Soc. Bot. „Vanamo" 34:2, 1-39.

Ruuhhijärvi, Rauno (1983): The Finnish Mire Types and their regional distribution. In Gore, A.J.P. (ed.), Mires: Swamp, Bog, Fen and Moor. Ecosystems of the World 4B, 69–94.

Schomburg, Andreas (2016): Erhöhte CO2-Emissionsraten in nordeuropäischen Moorgebieten: Folgen des Klimawandels und der anthropogenen Moordegration. Wiesbaden: Springer Spektrum, 1. Auflage.

Schultz, Jürgen (2016): Die Ökozonen der Erde, Stuttgart: Ulmer, 5. Auflage.

Sjörs, Hugo (1983): Mires of Sweden. In Gore, A.J.P. (ed.), Mires: Swamp, Bog, Fen and Moor. Ecosystems of the World 4B, 69–94.

Strack, Maria (Hg.) (2008): Peatlands and climate change. International Peat Society, Finland.

Succow, Michael und Jeschke, Liebrecht (1990): Moore in der Landschaft : Entstehung, Haushalt, Lebewelt, Verbreitung, Nutzung und Erhaltung der Moore. Leipzig: Urania-Verlag, 2. Auflage.

Succow, Michael; Joosten, Hans (Hg.) (2001): Landschaftsökologische Moorkunde. Stuttgart: E. Schweizerbart, 2. Auflage.

Timmermann, Tiemo; Joosten, Hans & Succow, Michael (2009): Restaurierung von Mooren. In Zerbe, S. & Wiegleb, G. (eds.), Renaturierung von Ökosystemen in Mitteleuropa. Berlin/Heidelberg: Springer Spektrum, S. 55–93.

Tolonen, Kimmo (1967): Über die Entwicklung der Moore im finnischen Nordkarelien. In: Ann. Bot. Fenn. 4/1967, 220-414.

Tolonen, Kimmo (1968): Zur Entwicklung der Binnenfinnland-Hochmoore. In: Ann. Bot. Fen. 5, 1968, 17-33.

Varjo, Uuno; Tietze, Wolf (Hrsg.) (1987): Norden: man and environment. Berlin: Borntraeger.

Vasander, Harri (1996): Peatlands in Finland. Helsinki: Finnish Peatland Society.

BEI GRIN MACHT SICH IHR WISSEN BEZAHLT

- Wir veröffentlichen Ihre Hausarbeit,
  Bachelor- und Masterarbeit

- Ihr eigenes eBook und Buch -
  weltweit in allen wichtigen Shops

- Verdienen Sie an jedem Verkauf

Jetzt bei www.GRIN.com hochladen
und kostenlos publizieren